U0325595

解密人造航天器

程昊文 杨 旭 李珊珊 编著

吉林出版集团有限责任公司

前言

　　数百年来近现代天文学的发展让人类逐渐能够从理性的视角来认知宇宙。伽利略、牛顿、爱因斯坦，这些杰出的科学家在提出伟大理论的同时，唤起了人类探索太空奥秘的渴望。

　　从1543年波兰天文学家哥白尼的日心说问世以来，人类主要是通过观测来认知宇宙的。直到400多年后的1957年，首个人造航天器被送入地球轨道，人类终于能够"进入"太空，开启了一段探索太空的崭新的旅程。

　　那么，在这不到60年的时间里，人类在探索太空的道路上做了哪些努力呢？取得了哪些举世瞩目的成就，又经历了哪些刻骨铭心的失败呢？本书将为你一一解答，带你经历一段神奇而又伟大的太空探索之旅。

目录 CONTENTS

征服重力

①

由于重力的束缚，人类必须利用火箭推力使航天器达到极高的速度，才能够使其进入太空飞行轨道。

■ 宇宙速度

只有当航天器被加速到7900米每秒的时候，它才能够在环绕地球的轨道上飞行，成为一颗地球卫星。而当航天器被加速到11200米每秒的时候，它将有可能飞离地球。当速度进一步提高，达到16700米每秒的时候，航天器将可能飞离太阳系。

目前飞行于太空中最古老的人造卫星vanguard 1 发射于1958年，也是第一颗采用太阳能电池供电的人造卫星

1967年11月9日，土星4号火箭在肯尼迪航天中心首次发射前的情形。
它将阿波罗4号飞船加速推离地球并送入月球探测轨道　©NASA

■ 巴黎大炮和V-2火箭

在上世纪40年代之前，人类发射物体的高度纪录是42.3千米，这是由德国人保持的。在第一次世界大战期间，为了轰炸巴黎，他们制造了一种巨型攻城机器，被命名为"巴黎大炮"。这门巨型的大炮质量为256吨，总长34米，口径为210毫米，射程能够惊人地达到130千米，所使用的炮弹重106千克。

巴黎大炮，也被称为威廉皇帝大炮，1918年8月正式服役。
© photo WW1

V-2火箭　© United Kingdom Government（public domain）

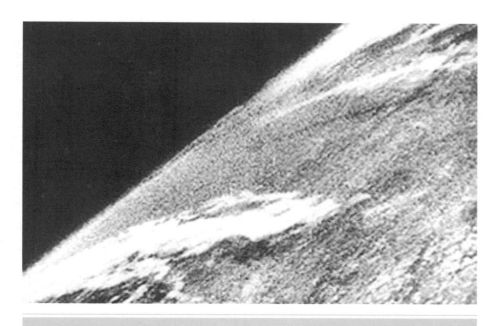

人类首次从太空获取的地球照片
© U.S. Army U.S. Army（public domain）

　　时间推至第二次世界大战期间。1944年，纳粹德国成功研制并发射了V-2火箭。这是世界上首个长距离制导导弹，也是首个进入太空的人造物体。在战争期间纳粹德国共发射了超过3000枚V-2火箭，用于轰炸英国伦敦以及比利时城市安特卫普和列日，共造成9000人丧生。

　　德国战败后，美国、苏联分别将V-2火箭的研发人员和制造设备带回本国。1946年10月24日，美国利用V-2火箭开启了人类首次从太空获取地球图像的里程碑。

探索深空的"先驱者"们 ②

深空探测通常是指将航天器推离地球，去探索更遥远的太空。

为了使航天器获取足够的速度，摆脱地球的引力束缚，美国空军启动了"先驱者"计划。在该计划中，美国一共进行了19次发射。

名　称	发射日期	设计目标	结　果
先驱者0号	1958年8月17日	绕月球飞行的探测器	在发射77秒后爆炸
先驱者1号	1958年10月11日	绕月球飞行的探测器	第3级火箭点火失败，没有进入预定轨道
先驱者2号	1958年11月8日	绕月球飞行的探测器	第3级火箭点火失败，没有进入预定轨道
先驱者3号	1958年12月6日	飞掠月球进入太阳环绕轨道	火箭因故障未能达到第二宇宙速度
先驱者4号	1959年3月3日	飞掠月球进入太阳环绕轨道	成功
先驱者P-1号	1959年9月24日	探测月球和地月空间	发射阶段解体
先驱者P-3号	1959年11月26日	探测月球和地月空间	发射阶段解体
先驱者5号	1960年3月11日	探测地球与金星之间的行星际空间	成功
先驱者P-30号	1960年9月25日	探测月球和地月空间	未能进入月球轨道
先驱者P-31号	1960年12月15日	探测月球和地月空间	发射阶段解体

早期的先驱者号

第一阶段的先驱者号发射任务从1958年开始持续到1960年，共持续了2年时间。虽然在10次发射任务中，仅有2次取得成功，但科学家们积累了宝贵的经验，为今后取得成功奠定了基础。

先驱者5号

先驱者 P-31号　© NASA

先驱者0号的照片

■ 冲出太阳系的先驱者

　　虽然在第一阶段的任务之后又经历了先驱者 E号的失败，但随着1965年至1969年这4年期间中先驱者6号、7号、8号和9号任务的成功，美国探索行星际空间的技术能力逐渐成熟。先驱者计划终于达到了它在人类航天史上的高峰。

■ 标准烛光

　　先驱者10号于1972年3月3日在佛罗里达州的肯尼迪航天中心发射升空。它的第3级助推火箭是由专为先驱者计划开发的固体燃料推进器组成的，能够提供66750牛顿的强大推力。在发射90分钟后，航天器进入行星际空间，11小时后先驱者10号飞掠月球，与此同时，它成为当时飞行速度最快的人造航天器。

　　在发射后的前7个月飞行中，一共对先驱者10号进行了3次轨道调整，使其保持在预定轨道飞行。1972年7月15日，它成为首个进入太阳系小行星带的人造航天器，飞掠火星轨道奔向太阳系内最大的行星——木星。

　　1973年11月6日，在距离木星还有2500万千米的时候，先驱者10号进行了照相系统的测试，以保证能在飞掠木星的时候获取高质量的图片。在之后的60天内它经历了飞离地球以来最关键的时刻。11月8日，先驱者10号飞掠木星的卫星木卫九，之后的数天内人类获取了超

进入最后研发阶段的先驱者10号　© NASA

过500幅木星的照片以及两个卫星木卫二和木卫三的照片。

　　在飞掠木星之后，先驱者10号先后在1976年和1979年飞掠土星和天王星轨道，并在1983年6月13日飞掠了最后一颗行星——海王星的轨道。1997年3月31日，在飞行至距离太阳超过100亿千米时，先驱者10号完成了它的使命。

1972年3月2日，先驱10号发射升空。在任务期间先驱者10号取得了人类航天史上多个第一　© NASA

先驱者10号飞掠木星

先驱者10号拍摄的木星图像　© NASA

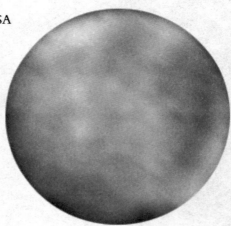

先驱者10号拍摄的木卫三图像　© NASA

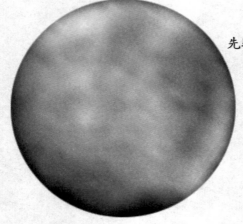

先驱者10号拍摄的木卫三图像　© NASA

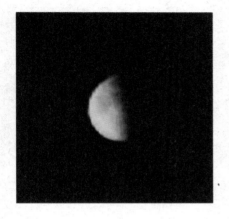

先驱者10号拍摄的木卫二图像，
但由于距离太远无法获取木卫二
的细节。© NASA

■ 先驱者11号

在先驱者10号开始创造人类历史的航程1年多以后，它的"双胞胎弟弟"先驱者11号于1973年4月6日在肯尼迪航天中心成功发射。

先驱者11号拍摄的木星大红斑细节
图像　© NASA

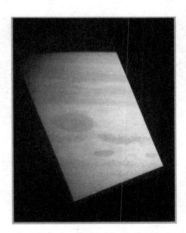

先驱者11号拍摄的木星大
红斑细节图像　© NASA

先驱者11号在距离756 000千米的地
方拍摄的木卫一照片　© NASA

先驱者11号于1973年4月6日在肯尼
迪航天中心成功发射 © NASA

飞掠土星的先驱者11号　© NASA

先驱者11号于1974年11月至12月期间飞掠木星。期间航天器成功获取了木星表面大红斑的细节图像，首次传回了人类首张木星极区照片，并且利用其传回的数据成功确定了木卫四的质量。

1979年9月1日，先驱者11号来到了距离土星大气上层仅有21 000千米的地方。

在探测土星的过程中，先驱者11号安全穿越了土星环，发现了土卫十一，完成了对土卫十和土卫一的飞掠。通过飞行器获取的探测数据发现，土星的第六颗卫星泰坦是一颗温度非常低且没有生命的大型卫星。

1995年9月29日，美国宇航局宣布先驱者11号在飞行了近22年之后，完成了它的使命。

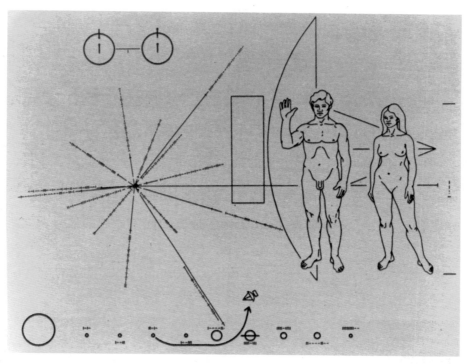

先驱者号上搭载的镀金铝板上的图案 © NASA

在先驱者10号和11号上均搭载有一块镀金铝板，铝板上的图像包括男性、女性与先驱者号的轮廓，太阳系在银河系以及宇宙中的未知和太阳系简图等关键信息，此举是为了当外星文明截获先驱者号的时候能够获取人类文明的信息。

先驱者11号拍摄的土卫六——泰坦的照片 © NASA

先驱者的金星探测

1978年5月20日先驱者12号发射升空，并于同年12月4日进入金星环绕轨道，开始了对金星为期14年的近距离探测。

1978年8月8日先驱者计划的最后一个航天器——搭载了多个探测器的先驱者13号发射升空。为了探测金星上的大气，同年12月9日，先驱者13号在距离金星表面110千米的地方传回了最后的信号，之后陨落。

先驱者12号　© NASA

先驱者13号及其搭载的3个探测
器落入金星大气　© NASA

奔月 3

二战之后的美苏冷战，促使两个超级大国之间展开了太空竞赛，其中最重要的要数月球竞赛。

率先抵达的月球号

苏联于1959年9月14日发射的月球2号探测器实现了人造航天器首次抵达月球的壮举。20天后，另一个探测器月球3号发射，经过3天的飞行，月球3号获取了人类首幅月球背面照片。

1966年2月3日，苏联月球9号探测器完成了人类首次月球软着陆的壮举。1966年3月31日，苏联发射了月球10号探测器，其成为首个绕月飞行的人造航天器。

月球2号探测器

月球3号探测器　© NASA

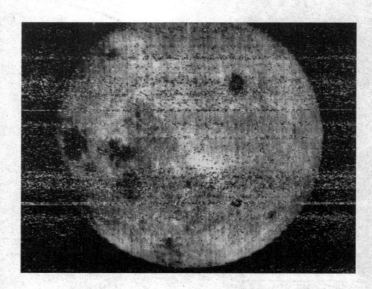

月球3号探测器
拍摄的人类首幅
月球背面照片
© NASA

月球9号探测器

月球10号探测器　© NASA

月球24号探测器

■ 载人登月

　　为了能够在月球竞赛中后发制胜，美国总统肯尼迪在1961年5月25日发表国会演说，提出载人登月计划。

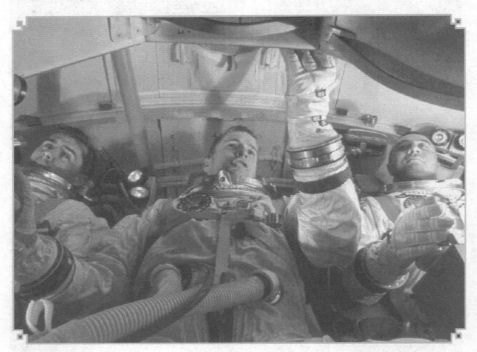

1967年1月19日，3位宇航员在指挥舱内模拟训练　© NASA

被烧毁的阿波罗1号指挥舱，3名宇航员在此次事故中丧生　© NASA

■ 阿波罗1号

阿波罗计划的首次飞行原本定于1967年2月21日。但是在1月27日的一次发射预演中，飞船舱内起火，夺走了3位宇航员的生命。

■ 阿波罗8号

　　直到1968年12月24日，3名美国宇航员乘坐阿波罗8号航天器成为首批进入环月轨道的人类，并在3天后安全返回地球。

人类拍摄的第一幅完整的地球照片。照片由阿波罗8号宇航员安德森拍摄　© NASA

从阿波罗8号飞船舷窗看到的月球远端景象
© NASA

1968年12月21日，阿波罗8号在肯尼迪航天中心发射升空　© NASA

首批进入月球轨道的三名宇航员。从左至右分别为：洛弗尔、安德森、博尔曼 © NASA

航天员鲍尔曼在阿波罗8号飞船中活动的场景 © NASA

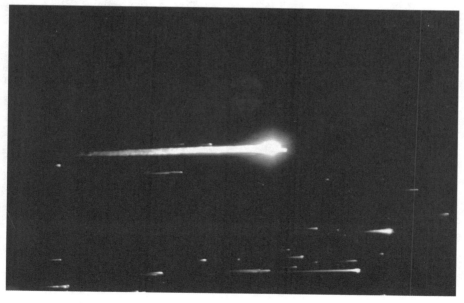

1968年12月27日，阿波罗8号飞船返回地球大气层 © NASA

被成功打捞上岸的阿波罗8号返回舱　© NASA

■ 阿波罗11号

1969年7月20日世界时20点18分，在美国佛罗里达州的肯尼迪航天中心，搭载阿波罗11号飞船的土星5号火箭发射升空。约6小时后，美国宇航员阿姆斯特朗完成了人类首次登上月球表面的壮举，被永远载入史册。

执行阿波罗11号任务的3名宇航员。靠左的就是登月第一人——阿姆斯特朗。
© NASA

阿波罗11号登月任务的指挥官阿姆斯特朗正在走下悬梯。在即将踏上月球的那一刻，他向全世界宣布："这是一个人的一小步，却是人类的一大步。"
© NASA

土星5号火箭将阿波罗11号飞船推射升空的场景
© NASA

从阿波罗11号飞船中拍摄
的地球照片　© NASA

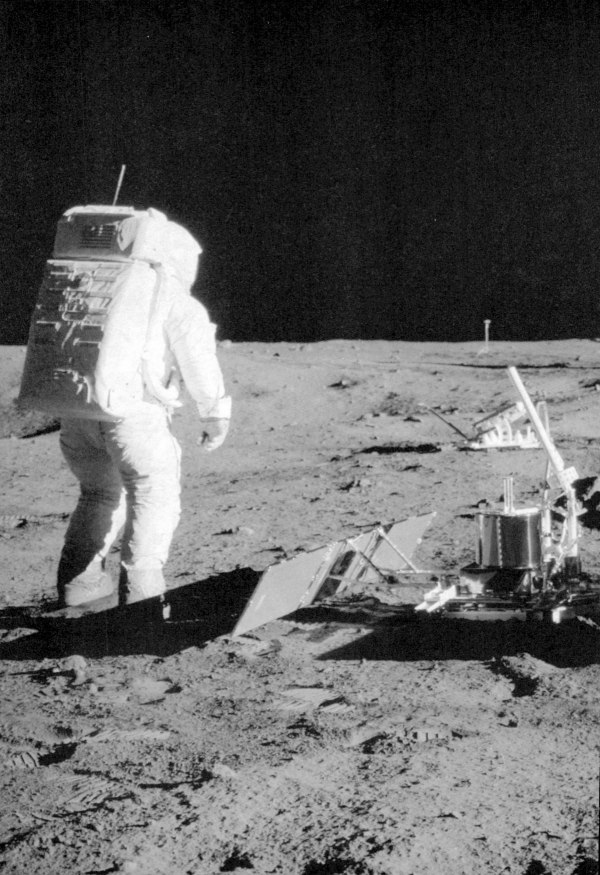

宇航员奥尔德林在月球表面留下的脚印。由于月球表面不存在空气流动，因此这个脚印完好地保留了半个多世纪　© NASA

美国海军打捞阿波罗11号返回舱

为庆祝登月成功，在纽约举行的游行活动　© NASA

阿姆斯特朗和他的队友奥尔德林在月球表面一共进行了长达2.5小时的太空行走。一共带回了21.55千克的月球样本。

美苏的探月成就

迄今为止一共有9次月球探测计划，带回了珍贵的月球岩石样本。它们全部来自苏联的月球号计划和美国的阿波罗计划。

任务名称	带回的样本质量	发射日期
阿波罗11号	21.55千克	1969年7月16日
阿波罗12号	34.30千克	1969年11月14日
月球16号	0.101千克	1970年12月12日
阿波罗14号	42.80千克	1971年1月31日
阿波罗15号	76.70千克	1971年7月26日
月球20号	0.055千克	1972年2月14日
阿波罗16号	95.20千克	1972年4月16日
阿波罗17号	110.40千克	1972年12月7日
月球24号	0.170千克	1976年8月9日

美国的阿波罗登月计划一共将12名宇航员送上月球。自1972年阿波罗17号飞船离开月球至今，人类就再也没有重新踏上月球。

姓　名	登月时的年龄	任　务	在月球表面停留的时间
尼尔·阿姆斯特朗	38岁11个月	阿波罗11号	1969年7月21日
巴兹·奥尔德林	39岁6个月		
皮特·康拉德	39岁5个月	阿波罗12号	1969年11月19日至20日
艾伦·宾	37岁8个月		
艾伦·谢泼德	47岁2个月	阿波罗14号	1971年2月5日至6日
艾德加·米切尔	40岁7个月		
大卫·斯科特	39岁1个月	阿波罗15号	1971年7月31日至8月2日
詹姆斯·艾尔文	41岁4个月		
约翰·杨	41岁6个月	阿波罗16号	1972年4月21日至23日
查尔斯·杜克	36岁6个月		
尤金·塞尔南	38岁9个月	阿波罗17号	1972年12月11日至14日
哈里森·施密特	37岁5个月		

嫦娥奔月

　　嫦娥奔月的传说在中国家喻户晓，因此中国的探月工程也被称为嫦娥工程。截至目前，中国已经成功完成了4次探月任务，吸引了来自全世界的目光。

嫦娥3号着陆器（大箭头所示）及玉兔号月球车（小箭头所示）的图像。图片由美国宇航局月球勘测轨道飞行器拍摄。图片显示了嫦娥3号着陆点周边长宽各576米的一块正方形区域。图片上方为北方　© NASA

航天员哈里森·施密特正在执行第
三次太空行走任务 © NASA

嫦娥3号

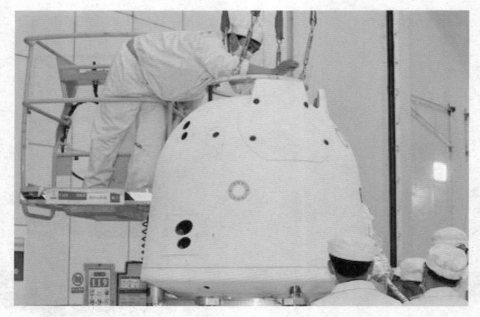

嫦娥5号T1的返回舱　© NASA

　　2007年10月24日，嫦娥1号在西昌卫星发射中心发射升空。在经历了地球停泊轨道和地月转移轨道的飞行之后，11月5日航天器抵达月球附近并成功进入环月轨道。这标志着中国首次探月任务取得成功。

　　2010年10月1日，嫦娥2号航天器由长征3C火箭送入太空直接进入地月转移轨道。其到达月球所花费的时间比嫦娥1号快了8天左右。2010年10月9日，在经历了3次制动之后，嫦娥2号进入距离月球表面100千米高的环月轨道。这为后续的月球着陆计划积累了宝贵数据。

　　2013年12月1日，嫦娥3号发射升空。5天后嫦娥3号进入距离月球表面100千米高的环月轨道。随后经过轨道调整，嫦娥3号进一步降低轨道高度，并于12月14日成功着陆于月球表面。

　　嫦娥3号搭载了质量为140千克的玉兔月球车，能够将影像实时回传，并且能够完成对月球土壤的分析。

　　2014年10月23日，嫦娥5号T1成功发射。此次任务的目的是对航天器的返回过程进行测试，为2017年计划的嫦娥5号任务做先期的准备。该任务将实现中国首次月球岩石样本的采集。

永不靠岸的"水手" ④

YOU BU KAOAN DE SHUISHOU

成功飞掠火星的水手4号　© NASA

在先驱者号的第一阶段（1958~1960年）任务结束以后，美国启动了著名的水手号任务，目的是探测火星、金星和水星这3颗类地行星。1962年至1973年间，水手号一共执行了10次航天任务，取得了多项人类航天史上的第一。

▉ 飞掠金星

　　在水手1号发射失败的1个多月之后，1962年8月27日，水手2号在美国佛罗里达州的卡纳维拉尔角空军基地发射升空。在经历了长达3个半月的飞行之后，水手2号航天器完成了人类首次除地球以外的行星的飞掠。5年以后水手5号再次飞掠金星并对其完成了更为细致、全面的探测。

飞往金星的水手2号　© NASA

对火星近距离的惊鸿一瞥

　　由于头部整流罩脱离失败，执行第一次火星探测任务的水手3号航天器在太空中丢失。之后，1964年11月28日，水手4号发射升空，并成功完成了人类首次对火星的飞掠，获取了第一幅火星的近距离图片。

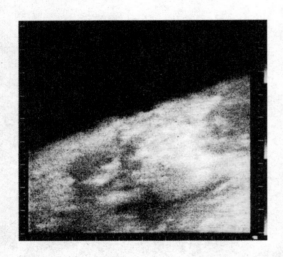

人类获取火星的第一幅近距离特写照片　© NASA

水手4号获取的火星表面图像。从图片中可以清晰地看出火星表面的地形特征 © NASA

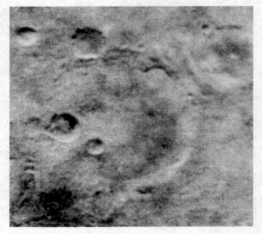

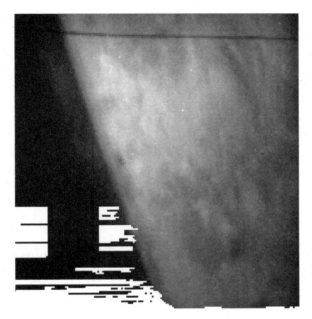

人类首次近距离拍摄的火星照片　© NASA

水手6号和7号航天器　© NASA

继水手4号之后，1969年，美国宇航局利用水手6号和7号航天器，再次成功对火星实现了近距离飞掠。其间搜集了宝贵的火星表面和火星大气数据，为之后对火星的进一步探测奠定了基础。

成为火星卫星

1971年5月30日，在水手8号发射失败之后3周，水手9号踏上了前往火星的征途。同年11月14日，它进入环火星轨道，成为人类首颗环绕另一颗行星运动的航天器。

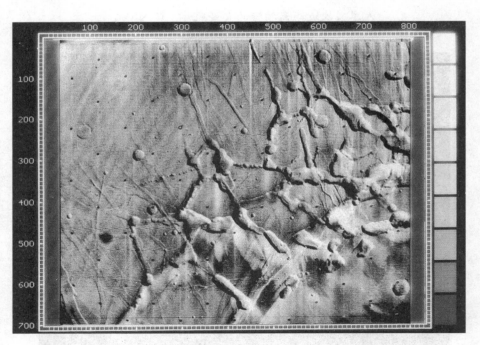

水手9号拍摄到的火星表面高清晰度照片　© NASA

借力金星，飞向水星

在水手9号发射约2年之后，1973年11月3日，水手10号航天器被送入太空。它的任务是测量水星的邻近空间环境以及水星的大气和表面情况。

水手10号第二次飞掠水星时拍摄的照片 © NASA

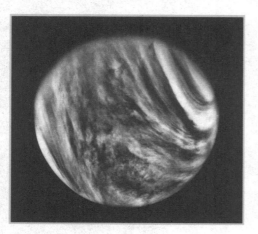

水手10号拍摄到的紫外波段的金星图像 © NASA

人类首次接近水星过程中拍摄的近距离图像 © NASA

　　水手10号于1974年2月5日，抵达距离金星5768千米的最近点。对金星的飞掠是希望借助其引力效应实现借力飞行，以减少燃料消耗。

　　1974年3月29日，水手10号完成了人类对水星的首次飞掠。

　　1974年9月21日，水手10号完成了对水星的第2次飞掠，并于1975年3月16日再次完成对水星的飞掠。

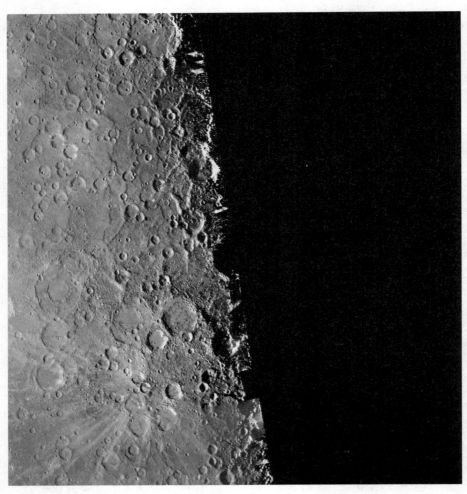

水手10号拍摄的水星表面细节照片　ⓒ NASA

水手10号发射升空不久拍摄到月球的照片　© NASA

"旅行者"的伟大远行 ⑤

为了探索太阳系外层空间，美国启动了旅行者号计划。该计划一共包含两个航天器。起初它们作为水手号计划的一部分被称作水手11号和水手12号，但当被作为独立的计划启动之后，这两个航天器被改名为旅行者1号和旅行者2号。

率先启程的旅行者2号

1977年8月20日，旅行者2号航天器在美国佛罗里达州的卡纳维拉尔角空军基地发射升空。

旅行者1号和旅行者2号造访过的行星及其卫星 © NASA

旅行者2号飞船发射时的场景　© NASA

■ 抵达木星

1979年7月9日，旅行者2号来到距离木星大气顶层57万千米的最近点。在飞掠木星期间，旅行者2号拍摄了木卫一表面的火山活动。旅行者2号还新发现了3颗木星的卫星，分别为木卫十四、木卫十五和木卫十六。通过对木星表面大红斑的近距离探测，推测大红斑是一个逆时针旋转的巨型风暴。

旅行者2号拍摄到的木星大红斑 © NASA

旅行者2号拍摄的火山爆发图像 © NASA

旅行者2号拍摄的木卫一绕木星运动
的图像　© NASA

旅行者2号在100万千米处
拍摄的木卫四图像
© NASA

■ 抵达土星

　　1981年8月26日，旅行者2号到达距离土星的最近点。在穿越土星上层大气的过程中测得顶层温度为零下203摄氏度。在旅行者2号到达的大气最深处的地方，测得的温度为零下130摄氏度。

旅行者2号拍摄的土星照片　© NASA

在距离土卫六90万千米的地方，旅行者2号拍摄的土卫六凌日现象　© NASA

旅行者2号拍摄的土卫八图像
© NASA

旅行者2号拍摄的土卫二图像
© NASA

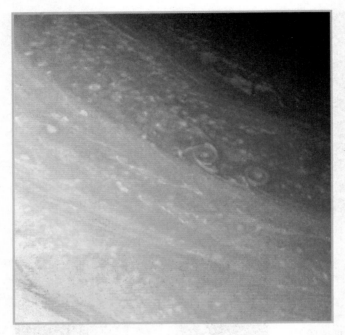

旅行者2号拍摄的土星北极地区图像 　© NASA

旅行者2号拍摄的土星环细节 　© NASA

■ 抵达天王星

1986年1月24日，旅行者2号来到了距离天王星顶层大气81 500千米的位置。在飞掠天王星期间，旅行者2号新发现了11颗自然卫星，并完成了对大气系统以及天王星环的探测。

旅行者2号拍摄的天卫一图像
© NASA

旅行者2号拍摄的天卫四图像
© NASA

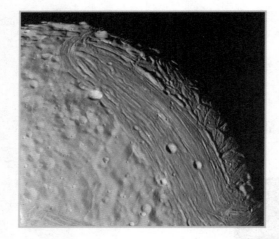

旅行者2号拍摄的天卫五图像
© NASA

旅行者2号拍摄的天王星环图
像 © NASA

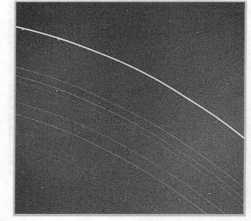

旅行者2号拍摄的天卫二图像
© NASA

旅行者2号拍摄的天王星照片 © NASA

旅行者2号拍摄的天王星"新月"时的图像 © NASA

■ 抵达海王星

1989年8月25日，旅行者2号抵达距离海王星的最近点。这也是旅行者2号造访的最后一颗行星。海王星的大气含有氢气、氦气和甲烷。甲烷会吸收太阳辐射中的红光而反射出蓝光，因此海王星在太空中呈现蓝色。

旅行者2号拍摄的海卫一图像 © NASA

旅行者2号拍摄的海王星照片
© NASA

旅行者2号拍摄的海王星以及海卫一照片 　 © NASA

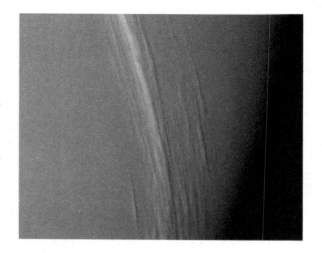

旅行者2号拍摄的海王星
卷云图像　© NASA

旅行者2号利用掩星拍摄
的海王星环图像
© NASA

旅行者2号拍摄的海卫八
图像　© NASA

■飞向星际空间

在飞离海王星之后，旅行者2号航天器继续朝着远离太阳的方向飞行。2012年11月7日，旅行者2号来到了距离太阳100个天文单位（约150亿千米）的地方。这是继旅行者1号和先驱者10号之后第三个达到这一距离的航天器。预计在2016年，旅行者2号将进入星际空间，届时将首次完成对星际空间等离子体的温度和密度的直接测量。

走得最远的旅行者1号

在旅行者2号发射2周后，1977年9月5日，旅行者1号在美国卡纳维拉尔角空军基地发射升空。

1977年9月5日，旅行者1号发射升空的情景　© NASA

■抵达木星

　　1979年3月5日，旅行者1号到达距离木星的最近点，并对木星的卫星、木星环、磁场环境以及辐射带进行了探测。旅行者1号率先发现了木卫一表面的火山活动。这也是人类首次在除地球以外的地方发现活火山。旅行者2号随后对这一现象进行了进一步探测。

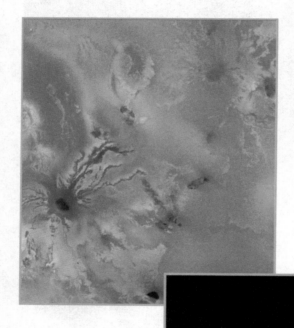

木卫一表面火山口辐射状流出的岩浆　© NASA

木卫一火山喷发的高度达到了160千米
© NASA

旅行者1号拍摄的木星大红斑照片　　© NASA

■ 抵达土星

1980年11月12日，旅行者1号到达距离土星的最近点。在飞掠土星期间，旅行者1号对土星环结构以及土星及其卫星（土卫六）的大气成分进行了探测。其中为了近距离探测土卫六的大气，旅行者1号不得不放弃对天王星、海王星以及冥王星的探测。

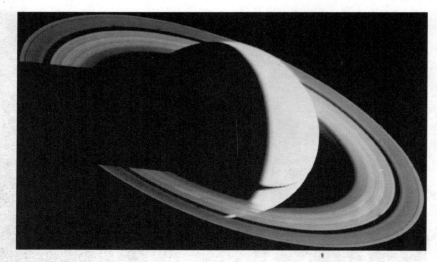

旅行者1号拍摄的土星图像　© NASA

旅行者1号拍摄的土卫五图像
© NASA

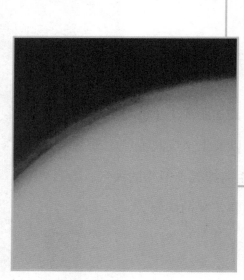

土卫六富含有机物的大气层
© NASA

■ 继续远行

2012年，旅行者1号进入了星际空间。截至2015年夏天，旅行者1号已经飞行至距离太阳132个天文单位（197亿千米）的地方。这是目前人造物体所到达的最远处。

在中国传统的哲学思想中金、木、水、火、土这五行是构成宇宙万物的基本元素，并以此命名了5颗行星，说明人们关于这些行星的思考由来已久。随着太空探索新纪元的到来，金星、木星、水星、火星、土星自然而然地成为人类探索的目标。

这是一幅被称作"淡蓝色点"的图像。它是旅行者1号从60亿千米的地方拍摄的地球影像。图片中右侧的淡蓝色小点就是我们的地球
© NASA

探索金星

　　金星是人造航天器着陆次数最多的行星，也是人类首次飞掠和登陆的行星。1966年，苏联的金星3号航天器在金星陨落，实现了人类对另外一颗行星的首次接触。此后第二年，金星4号又成为首个测量金星大气的航天器。

　　1970年，苏联的金星7号成为首个成功着陆金星的航天器，并在金星表面与地球保持了23分钟的通信联系。在此之后苏联又完成了8次金星的登陆任务，获取了宝贵的图像和数据。

金星9号轨道环绕器　© NASA

金星4号 © NASA

金星9号着陆器
© NASA

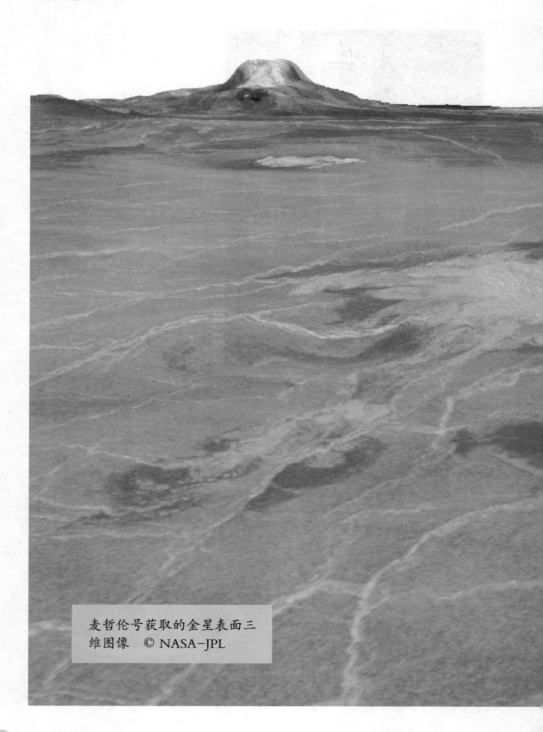

麦哲伦号获取的金星表面三
维图像　© NASA-JPL

1975年10月22日，苏联的金星9号成功进入环金星轨道，成为首颗造访金星的人造卫星。

1983年10月，金星15号和金星16号进入环金星轨道，利用雷达对金星表面情况进行探测，并建立了分辨率达到1~2千米的表面图像。1990年8月10日，美国的麦哲伦号环绕器开始对金星表面进行更为精细的探测，并绘制了分辨率达到100米的金星表面图。

探索木星

人类对木星这颗太阳系内最大的行星的探索始于1973年的先驱者10号任务。截至目前，一共有8次航天任务对木星进行了近距离探测。其中仅有1995年抵达木星的伽利略号航天器进入了环木星轨道，对其进行了为期8年的长时期探测。另外7次探测均为木星飞掠探测任务。

由伽利略号获取的4颗木星最大卫星的图像　© NASA

伽利略号抵达木星对
其进行长达8年的探
测。 © NASA

1989年10月18日，伽利略号发射升空　© NASA

伽利略号近距离探测的
第二颗小行星243Ida
© NASA

伽利略号近距离探测的第一颗
小行星951Gaspra　© NASA

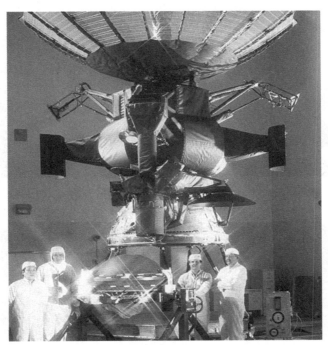

实验室中的伽利略号　© NASA

　　1989年10月18日，伽利略号成功发射。此次任务的主要目标是对木星及其卫星进行长期近距离的探测研究。为了节省助推燃料，1990年2月10日，伽利略号通过飞掠金星利用其引力加速效应，获得了8030千米/小时的速度。在飞行过程中，伽利略号还对两颗小行星进行了近距离探测，并首次发现了一颗小行星的卫星。

　　1995年12月8日世界时0点27分，抵达木星的伽利略号航天器成为木星的第一颗人造卫星，其绕木星的椭圆轨道运动周期约为2个月。在对木星及其周边环境进行了为期2年的探测任务之后，伽利略号对

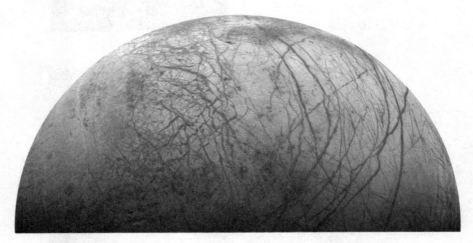

利用伽利略号探测数据合成的木卫二表面细节图像　© NASA

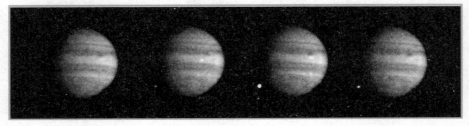

伽利略号拍摄的彗星撞击木星过程图像　© NASA

木卫一和木卫二等星体进行了数次近距离探测，并于2003年坠入木星大气中。

■ 探索水星

　　水星是距离太阳最近的行星。截至2015年，仅有水手10号和信使号完成了对水星的近距离探测。2004年8月3日，美国宇航局的信使号在卡纳维拉尔角空军基地发射升空。

信使号探测水星的示意图　© NASA

信使号发射升空的场景　© NASA

　　为了克服太阳的引力效应，信使号必须经历大幅度减速过程才能够进入环水星轨道。为此，信使号多次利用地球和金星的引力效应以实现减速，整个过程经历了近80亿千米的飞行。

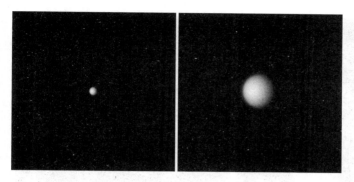

信使号首次飞掠金星时拍摄的图像 © NASA

信使号飞掠地球时拍摄的
图像 © NASA

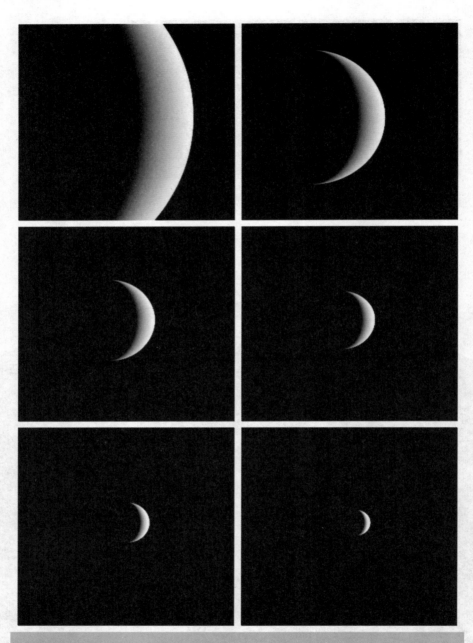

信使号完成对金星的第二次飞掠后，在远离金星的过程中拍摄的金星图片© NASA

信使号首次飞掠水星
时拍摄的高分辨率水
星图像　©NASA

信使号第三次飞掠水
星时拍摄的高分辨率
水星图像　©NASA

由信使号第二次飞掠水星过程中所获取的3幅图像
合成的水星表面的火山情况　©NASA

　　2008年1月14日，信使号完成了对水星的首次飞掠。最近的距离达到了200千米。此后信使号又分别于2008年10月6日和2009年9月29日完成了对水星的另外两次飞掠。

　　2011年3月18日，信使号通过变轨进入周期为12小时的环水星轨道，成为水星的首个人造卫星，开始对水星及其邻近空间进行持续性的科学探测。

　　2015年4月30日，在出色地完成一系列探测任务之后，信使号在水星表面陨落。

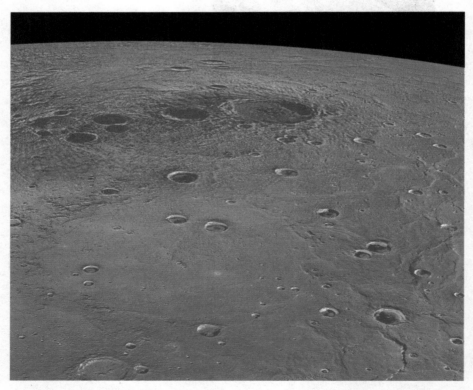

由信使号探测数据计算出的水星表面温度分布图。其中红色的部分表示温度超过130℃的高温区域　　© NASA

由信使号数据分析得到的水
星表面地形情况。暖色的部
分表示高地。　　© NASA

进入环水星轨道后信使号拍摄的首张照片　　© NASA

在水星北极的永久阴影地区
发现的固态水　© NASA

探索火星

　　火星被认为是太阳系八大行星中与地球的生存环境最为相似的天体。因此自上世纪60年代以来，即使仅有⅓的任务取得了成功，人类对这颗红色星体的探索欲望依然持续高涨。

在地球附近用哈勃望远镜拍摄的火星图像，拍摄距离为6800万千米　© NASA和The Hubble Heritage Team

　　1965年和1971年，分别由美国的水手4号和水手9号完成了人类首次对火星的轨道飞掠和轨道环绕探测。1971年12月2日，苏联的火星3号完成了人类首次火星软着陆的壮举，但在抵达火星表面20秒后失效。

火星3号探测器　　© NASA

　　1976年，美国的海盗1号和海盗2号顺利完成了火星着陆任务，并分别在火星表面工作了6年和3年的时间。此外，海盗号的火星轨道环绕器非常出色地完成了对火星表面的测绘工作。

　　为了试验低成本的火星探测，上世纪90年代，美国启动了火星探路者计划。探路者号进入火星大气之后，先后经历了减速伞和降落伞

海盗号着陆器 © NASA

海盗1号火星环绕器绘制的
火星图像 © NASA

科学家对探路者号火星车附近的岩石和地貌进行命名 © NASA

海盗2号拍摄的火星表面图像　© NASA

探路者号绘制火星大气层减速示意图　© NASA

科学家正在对探路者号的着陆气囊进行测试 © NASA

探路者号拍摄的火星上日落图像 © NASA

的降速、气囊充气、固体火箭喷射减速等过程，探路者号于1997年7月4日成功着陆火星表面。

探路者号由着陆器和火星车组成。火星车的主要任务之一是对火星岩石样本进行分析。整个过程持续了近3个月，获取了大量宝贵的数据。

火星是人类迄今为止着陆探测次数最多的行星。科学家们共进行了15次尝试，其中接近一半的任务没有取得成功。但人类对火星的探索仍将继续。

海盗1号着陆器正在采集火星土壤进行分析　© NASA

探路者号火星车在对名为Yogi的岩石进行分析　© NASA

NASA提出的载人火星探测
设想图　© NASA

探索土星

目前为止，人类共对土星进行了3次飞掠探测，分别是由先驱者11号、旅行者1号和旅行者2号完成的。之后美国与欧洲联合开启的卡西尼–惠更斯土星探测任务是人类唯一一次对土星的环绕探测。

1997年10月15日，卡西尼–惠更斯号发射升空。并于2000年12月30日飞掠土星。

在经历了对土卫九的飞掠之后，2004年7月1日，卡西尼–惠更斯号结束了历时7年的飞行，进入了环土星轨道。

卡西尼–惠更斯号拍摄的土卫一绕土星轨道飞行的图像 © NASA

正待发射的卡西
尼–惠更斯号
© NASA

卡西尼-惠更斯探测器的
概念图 © NASA

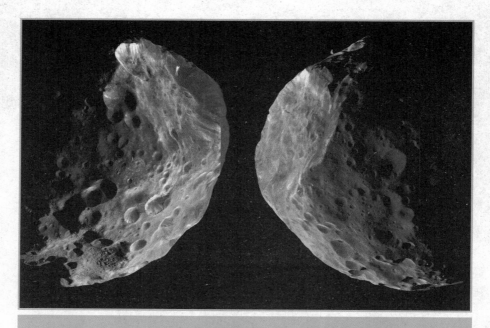

卡西尼-惠更斯探测器在接近（左图）和远离（右图）土卫九的过程中拍摄的照片　© NASA

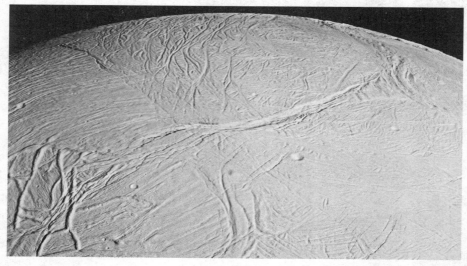

卡西尼号拍摄的土卫二表面细节图像　© NASA

卡西尼号拍摄的土卫五表面图像　© NASA

2004年12月25日，卡西尼–惠更斯号完成分离。其中卡西尼号继续在原轨道执行探测任务。被释放的惠更斯号则飞向土星的最大一颗卫星——土卫六。2005年1月14日，惠更斯号完成对土卫六的着陆任务。

卡西尼号拍摄的发生在土星北半球的巨型风暴图
像　© NASA/JPL-Caltech/SSI

由卡西尼号探测数据通过后期合成绘制的土星环图像　© NASA

卡西尼号拍摄的土卫五在环土星轨道飞行的
图像　© NASA

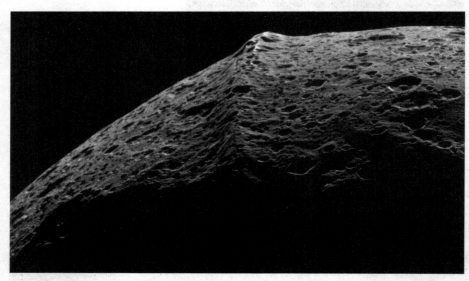

卡西尼号拍摄的土卫八表面图像　© NASA

生命的代价

⑥

　　15世纪开启的大航海时代，奠定了当今的世界格局。500年后，有着无限好奇心的人类再次将目光投向远方，努力摆脱地心引力的束缚，不断冲破探索的边界。在一座座太空探索成就的丰碑背后，同样铭刻着众多宇航员、科学家、工程师的名字，他们为此付出了青春乃至生命。

　　1986年1月28日，美国的挑战者号航天飞机在发射升空73秒后爆炸，导致7名宇航员丧生。他们是格雷格·贾维斯、克里斯塔·麦考利夫、罗纳德·麦克奈尔、艾里森·鬼冢承次、朱迪斯·蕾斯尼克、迈克尔·史密斯和迪克·斯科比。

　　2003年2月1日，美国哥伦比亚号航天飞机在返回大气层的过程中解体，导致7名宇航员丧生。他们是里克·赫兹本德、威廉·麦克库尔、迈克尔·安德森、大卫·布朗、卡尔帕娜·乔拉、劳雷尔·克拉克和利安·雷蒙（以色列）。事后的调查结果显示，哥伦比亚号的隔热系统损伤导致了航天飞机的解体，7名宇航员为此付出了生命。

　　1968年3月27日，史上首位进入太空的人类，苏联宇航员尤里·加加林在和飞行教员弗拉基米尔·谢鲁金进行飞行训练中为了躲避探空气球而坠机丧生。

　　我们憧憬着在不远的将来能够实现太空旅行、星际移民和发现外星文明的梦想。虽然为此付出了巨大的代价，但人类在外空探索的道路上还将继续前行。

因挑战者号航天飞机爆炸而丧生的7名宇航员。前排从左至右为迈克尔·史密斯、迪克·斯科比、罗纳德·麦克奈尔。后排从左至右为艾里森·鬼冢承次、克里斯塔·麦考利夫、格雷格·贾维斯、朱迪斯·蕾斯尼克　© NASA

挑战者号爆炸3秒后拍摄的图像　© NASA

在哥伦比亚号航天飞机返回过程中丧生的7名宇航员。从左至右
分别为大卫·布朗、里克·赫兹本德、劳雷尔·克拉克、卡尔帕
娜·乔拉、迈克尔·安德森、威廉·麦克库尔、利安·雷蒙
© NASA

图书在版编目（CIP）数据

解密人造航天器 / 程昊文, 杨旭, 李珊珊编著. --
长春 : 吉林出版集团股份有限公司, 2017.4
（太空第1课）
ISBN 978-7-5581-1831-9

Ⅰ.①解… Ⅱ.①程… ②杨… ③李… Ⅲ.①航天器
—青少年读物 Ⅳ.①V47-49

中国版本图书馆CIP数据核字（2017）第060227号

解密人造航天器

JIEMI RENZAOHANGTIANQI

编　　者　程昊文　杨　旭　李珊珊

出 版 人　吴文阁

责任编辑　韩志国　王　芳

开　　本　710mm×1000mm　　1/16

印　　张　8

字　　数　70千字

版　　次　2017年6月第1版

印　　次　2022年1月第2次印刷

出　　版　吉林出版集团股份有限公司（长春市福祉大路5788号）

发　　行　吉林音像出版社有限责任公司
　　　　　吉林北方卡通漫画有限责任公司

地　　址　长春市福祉大路5788号　邮编：130062

印　　刷　汇昌印刷（天津）有限公司

ISBN 978-7-5581-1831-9　定价：39.80元